www.ingramcontent.com/pod-product-compliance
Lightning Source LLC
Chambersburg PA
CBHW081601220526
45468CB00010B/2726
9781793093721